BEI GRIN MACHT SICH IHR WISSEN BEZAHLT

- Wir veröffentlichen Ihre Hausarbeit, Bachelor- und Masterarbeit

- Ihr eigenes eBook und Buch - weltweit in allen wichtigen Shops

- Verdienen Sie an jedem Verkauf

Jetzt bei www.GRIN.com hochladen und kostenlos publizieren

Innen- und Außendämmung. Bauphysikalische Unterschiede und baukonstruktive Umsetzung

Jan Weingarte

Io

Unidades

Jan Weingarte

Innen- und Außendämmung. Bauphysikalische Unterschiede und baukonstruktive Umsetzung

Bibliografische Information der Deutschen Nationalbibliothek:

Die Deutsche Nationalbibliothek verzeichnet diese Publikation in der Deutschen Nationalbibliografie; detaillierte bibliografische Daten sind im Internet über http://dnb.d-nb.de abrufbar.

ISBN: 9783346383181
Dieses Buch ist auch als E-Book erhältlich.

© GRIN Publishing GmbH
Nymphenburger Straße 86
80636 München

Druck und Bindung: Books on Demand GmbH, Norderstedt Germany
Gedruckt auf säurefreiem Papier aus verantwortungsvollen Quellen

Das vorliegende Werk wurde sorgfältig erarbeitet. Dennoch übernehmen Autoren und Verlag für die Richtigkeit von Angaben, Hinweisen, Links und Ratschlägen sowie eventuelle Druckfehler keine Haftung.

Das Buch bei GRIN: https://www.grin.com/document/999909

Innen- und Außendämmung – bauphysikalische Unterschiede und baukonstruktive Umsetzung

Hausarbeit im Modul

„Immobilienmanagement I: Bautechnische Grundlagen" (BR13)

an der

EBZ Business School,
University of Applied Sciences, Bochum

Eingereicht von:
Jan Weingarte

Mutterstadt, 21. Oktober 2020

Inhaltsverzeichnis

Abkürzungsverzeichnis

λ	-	Lambda
U-Wert	-	Wärmedurchgangskoeffizient
W/mK	-	Watt pro Meter und Grad Kelvin
kg/m^3	-	Einbaudichte p / Kilogramm pro Kubikmeter
Wh/kgK	-	spezifische Wärmekapazität c
μ	-	my
$\mu*s$	-	Diffusionsdurchlasswiderstand
s_D-Wert	-	diffusionsäquivalente Luftschichtdicke
R´w	-	Luftschalldämmmaß
L´n,w´	-	Normtrittschallpegel
DIN	-	Deutsches Institut für Normung
LBO	-	Landesbauordnungen
EPS	-	expandiertes Polystyrol
PU	-	Polyurethan
i.d.R.	-	in der Regel
u.a.	-	unter anderem
z.B.	-	zum Beispiel

Abbildungsverzeichnis

Tabellenverzeichnis

1. Einleitung

Es ist eine der größten Herausforderungen der Menschheit und kaum ein anderes Thema beherrscht die aktuellen Diskussionen so wie der Klimawandel. Im Zeitalter der Energiewende gilt es daher auch bei der Errichtung und Modernisierung von Gebäuden Einsparpotenziale zu nutzen. Im Rahmen des energieeffizienten Bauens ist die Wärmedämmung ein unverzichtbarer Baustein, da sie einen wichtigen Beitrag zur Verminderung des Energieverbrauchs leistet und folglich auch Kosten einspart. Immobilienbesitzer, Bauherren und Mieter wünschen sich zudem eine gemütlich warme Wohnung im Winter und ein angenehm behagliches Klima im Sommer bei möglichst geringen Energiekosten. Während man im Zuge eines Neubaus zwischen den vielen Arten der Wärmedämmung die optimale Variante wählen kann, sind die Möglichkeiten bei einer Altbausanierung meist begrenzt. Wärmedämmstoffe regulieren das Wohnklima und schützen die Bausubstanz vor Feuchtigkeit und Frost, womit sie für einen Werterhalt des Gebäudes sorgen. Durch eine schlechte Dämmung der Gebäudehülle geht viel Heizwärme und damit Energie verloren. Die Durchführung von verschiedenen Wärmedämmmaßnahmen kann dem entgegenwirken und den Verlust erheblich reduzieren. Verschiedene Wärmedämmsysteme und -produkte ermöglichen die individuelle Anpassung an das geplante Bauvorhaben. Neben der Wärmedämmung im Neubau steckt enormes Energieeinsparpotenzial im Gebäudebestand. Wärmeschutztechnische Maßnahmen bei unsanierten oder teilsanierten Altbauten stellen daher die wichtigste Bauaufgabe der Zukunft dar.[1]

Die vorliegende Arbeit beschäftigt sich zunächst mit den technischen Eigenschaften der verschiedenen Wärmedämmstoffe. Ziel dieser Arbeit ist es, die bauphysikalischen und -konstruktiven Unterschiede dir beiden Dämmsysteme Innen- und Außendämmung aufzuzeigen und voneinander abzugrenzen. Die über Jahrzehnte entwickelten Bauweisen und Bautechniken machen eine pauschale Festlegung für ein bestimmtes Dämmsystem unmöglich. Es erfordert ein umfassendes bauphysikalisches Verständnis, um die passende Maßnahme für das jeweilige Objekt zu wählen. Die stetig wachsenden Anforderungen an die Energieeffizienz von Gebäuden und die Entwicklung immer leistungsfähigerer Dämmstoffe erfordern von Immobilienbesitzern und Bestandshaltern in die Wärmedämmung der Gebäude zu investieren.

2. Bauphysikalische und technische Eigenschaften

Das Einsatzgebiet eines Wärmedämmstoffes ist abhängig von seinen bauphysikalischen und technischen Eigenschaften. Die materialspezifischen Kennwerte bilden die Grundlage für die Bewertung des jeweiligen Dämmstoffes. Im Folgenden werden die wichtigsten Eigenschaften der Dämmmaterialien aufgezeigt.

---

[1] Vgl. Wolfgang Willems u. a. (2017): Lehrbuch der Bauphysik, 8. Auflage, Wiesbaden, S.5

2.1 Wärmeschutz / Wärmetransport

2.1.1 Wärmeleitfähigkeit

Eine der wichtigsten Dämmstoffeigenschaften ist die Wärmeleitfähigkeit. Für die Einsparung von Energie gilt es zunächst den Wärmeverlust und den Wärmedurchlass über die Gebäudehülle zu verringern. Bemessen wird die spezifische Wärmeleitfähigkeit anhand des materialabhängigen Zahlenwerts Lambda (λ). λ ist ein Maß für den Widerstand, der der abfließenden Wärme entgegengesetzt wird.[2] Je niedriger dieser Wert ist, desto höher ist die erreichbare Wärmedämmfähigkeit des Materials.[3] Für die Berechnung des Wärmedurchgangskoeffizienten, auch genannt U-Wert, werden in Deutschland nach DIN 4108-4 die Bemessungswerte der Wärmeleitfähigkeit (λ) verwendet. „Der U-Wert bezeichnet die Wärmemenge, die in einer Sekunde durch eine Bauteilfläche eines Quadratmeters bei einem Temperaturunterschied von einem Kelvin hindurchgeht."[4] Vorteilhaft ist eine niedrige Wärmeleitfähigkeit insbesondere dann, wenn die Dicke der Dämmschicht aus baulichen Gründen begrenzt ist.[5] Materialien, die einen Lambda-Wert kleiner 0,1 Watt pro Meter und Grad Kelvin (W/(mK) aufweisen, sind für die Wärmedämmung geeignet. Dämmstoffe mit Wärmeleitfähigkeiten von 0,04 bis 0,06 W/(mK) finden in der Regel Anwendung.[6]

Die folgende Abbildung beinhaltet eine Übersicht, die die verschiedenen Dämmstoffe anhand ihrer Wärmeleitfähigkeit miteinander vergleicht.

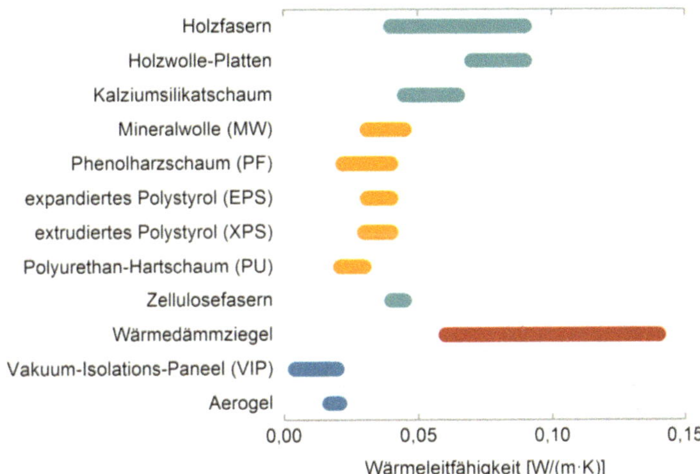

Abbildung 1: Bereich der Wärmeleitfähigkeiten von dämmenden Baustoffen[7]

---

[2] Vgl. Holger König (2012): Wärmedämmung - Vom Keller bis zum Dach, 7. Auflage, Berlin, S.78
[3] Vgl. ebd. S.79
[4] : Dämmstoffe: Einteilung und Eigenschaften der Wärmedämmstoffe für die Wärmedämmung, Online-Ressource http://www.waermedaemmstoffe.com/htm/eigenschaften.htm, Letzter Zugriff: 24.11.2020.
[5] Vgl. Christoph Sprengard u. a. (2013): Metastudie Wärmedämmstoffe - Produkte - Anwendungen - Innovationen, Gräfelfing, S. 17
[6] Vgl. Holger König (2012): Wärmedämmung - Vom Keller bis zum Dach, S. 79
[7] Christoph Sprengard u. a. (2013): Metastudie Wärmedämmstoffe - Produkte - Anwendungen - Innovationen, S. 17

2.1.2 Wärmespeicherfähigkeit

Die Wärmespeicherfähigkeit eines Dämmstoffes ist ein weiterer wichtiger Kennwert. Grundsätzlich kann ein Stoff mehr Wärme speichern, je träger er auf Aufheizung oder Abkühlung reagiert. Hierbei spricht man von der sogenannten Amplitudendämfung.[8] Für die Berechnung der Speicherfähigkeit des Dämmmaterials ist zum einen die Einbaudichte p (kg/m³) und die spezifische Wärmekapazität c (Wh/kgK) grundlegend.[9] Zur Erreichung eines günstigen Raumklimas werden Wärmedämmschichten außenseitig und wärmespeicherfähige Schichten innen- bzw. raumseitig verbaut. Je speicherfähiger die mit der Raumluft verbundenen Bauteile sind, desto geringer ist die Erwärmung eines Gebäudes im Sommer.[10]

2.1.3 Wärmebrücken

Wärmebrücken sind Stellen mit erhöhter Wärmedurchlässigkeit und entstehen meist bei sonst gut dämmenden Bauteilen an den entsprechenden Bauteilanschlüssen. Die Folgen dieses zusätzlichen Wärmeverlusts und der niedrigen raumseitigen Oberflächentemperatur sind steigende Heizenergieverbräuche und gegebenenfalls auch Schimmelbildung.[11] Unterschieden wird zwischen geometriebedingten und materialbedingten Wärmebrücken. Während geometriebedingte Wärmebrücken bei Wechsel von Bauteildicken oder unterschiedlichen Außen- und Innenabmessungen entstehen, ergeben sich materialbedingte Wärmebrücken bei wechselnden Materialien in einer Konstruktion.[12] Darüber hinaus sind konvektive[13] und umgebungsbedingte[14] Wärmebrücken sekundäre Effekte, die in normativen Bewertungen nicht berücksichtigt werden.[15]

2.2 Feuchteschutz / Feuchtetransport

2.2.1 Diffusionswiderstand

Aufgrund von Wasserdampfdruckdifferenzen zwischen Innen- und Außenluft entsteht ein Diffusionsstrom durch das trennende Bauteil. Ist die Raumtemperatur höher als die Außentemperatur, dann verläuft der Diffusionsstrom von innen nach außen.[16] Die Berechnung des Diffusionswiderstands erfolgt nach DIN 4108-4 anhand der Schichtdicke s (m) und der Wasserdampfdiffusionswiderstandszahl μ. Das Produkt aus μ*s legt den Diffusionsdurchlasswiderstand einer Materialschicht fest und wird auch als diffusionsäquivalente Luftschichtdicke s_D bezeichnet. Je niedriger das Ergebnis aus μ*s ist, desto kleiner ist der Diffusionswiderstand.[17] DIN 4108-3 unterteilt die Materialien mit s_D-Werten in folgende Kategorien:[18]

---

[8] Vgl. Holger König (2012): Wärmedämmung - Vom Keller bis zum Dach, S. 80

[9] Vgl. Dämmstoffe: Einteilung und Eigenschaften der Wärmedämmstoffe für die Wärmedämmung.

[10] Vgl. Christoph Sprengard u. a. (2013): Metastudie Wärmedämmstoffe - Produkte - Anwendungen - Innovationen, S.17

[11] Vgl. Wolfgang Willems u. a. (2017): Lehrbuch der Bauphysik, S. 34

[12] Vgl. ebd., S. 35

[13] Wärmetransport durch Wärmemitführung bedingt durch Fugendurchlässigkeiten entsteht

[14] Örtlich unterschiedliche Oberflächentemperaturen bzw. Energieangebote

[15] Vgl. Wolfgang Willems u. a. (2017): Lehrbuch der Bauphysik, S. 35-36

[16] Vgl. Dierks, K. u. a. (2011): Baukonstruktion (E-Book), Köln, GERMANY, S.20

[17] Vgl. Christoph Sprengard u. a. (2013): Metastudie Wärmedämmstoffe - Produkte - Anwendungen - Innovationen, S. 18

[18] Vgl. Wolfgang Willems u. a. (2017): Lehrbuch der Bauphysik, S. 203

- diffusionsoffene Schicht	$s_D \leq 0{,}5m$
- diffusionshemmende Schicht	$0{,}5m < s_D < 1500m$
- diffusionsdichte Schicht	$s_D \geq 1500m.$

Die folgende Abbildung 2 zeigt auf, dass die Diffusionswiderstandszahl μ bei steigender relativer Luftfeuchtigkeit kontinuierlich abnimmt. Betrachtet man den Baustoff Beton (B45) genauer, ist zu erkennen, dass die Diffusionswiderstandszahl μ im Trockenbereich mit „A" und im Feuchtbereich mit „C" gekennzeichnet wurde. Die Diffusionswiderstandszahl von Baustoffen mit Bindemitteln aus organischen Polymeren, wie beispielsweise Kunstharzputze, Polymeranstriche oder Schaumkunststoffe sind stark abhängig von der mittleren relativen Luftfeuchte.[19]

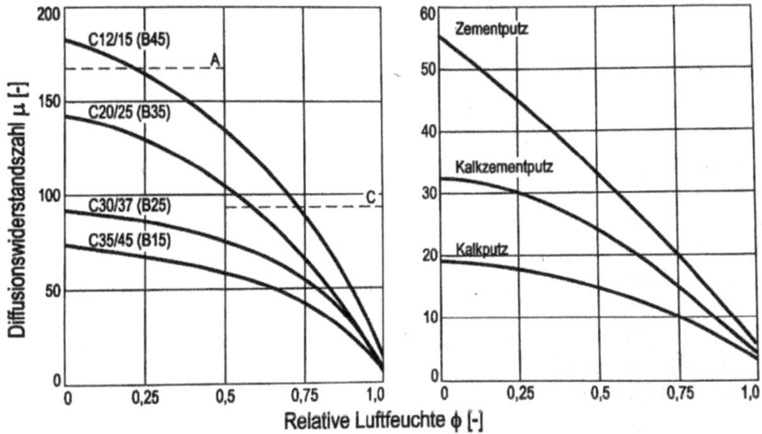

Abbildung 2: Veränderlichkeit der Wasserdampf-Diffusionswiderstandszahl μ mit der relativen Luftfeuchte (Beispiele Betone und Putze)[20]

2.2.2 Wasseraufnahmevermögen

Wärmedämmstoffe sollten auch unter wechselnden Feuchtzuständen die Dämmfähigkeit nicht verlieren. Wird das Dämmmaterial z.B. durch Kondensatfeuchte nass, ist eine möglichst schnelle Trocknung entscheidend. Pflanzliche Dämmstoffe können im Vergleich zu anderen Materialien durch das Quellen der Holzfasern Feuchtigkeit aufnehmen, ohne dabei an Dämmfähigkeit zu verlieren. Die Entfeuchtung erfolgt über die kapillare Leitfähigkeit[21] und nicht wie bei anderen Dämmstoffen über Diffusion.[22]

---

[19] Vgl. ebd. S. 202
[20] Wolfgang Willems u. a. (2017): Lehrbuch der Bauphysik, S. 202
[21] Wasser wandert im sog. Kapillarsystem zur trockenen Seite des Bauteils, um an der Oberfläche zu verdunsten
[22] Vgl. Holger König (2012): Wärmedämmung - Vom Keller bis zum Dach, S. 79-80

2.3 Schalldämmung

In DIN 4109 sind die Anforderungen an den nötigen Schutz gegen Luft- und Trittschallübertragung geregelt. Luftschallübertragung beschreibt die Übertragung von Geräuschen über die Luft auf die raumbegrenzenden Bauteile und diese geben den Schall weiter an die Nebenräume. Die Trittschallübertragung ist die Weitergabe von durch das Begehen ausgelösten Schwingungen des Fußbodens auf die benachbarten Räume.[23] Die dritte Form der Schallübertragung ist der Körperschall. Dieser entsteht, wenn ein Bauteil durch äußere kinetische Energie in Schwingung versetzt und der Schall als Luftschall weitergegeben wird.[24] Zur Erreichung von positiven Schallschutzwerten ist ein hohes Luftschalldämmmaß R`w und ein niedriger Normtrittschallpegel L`n,w` erforderlich. Materialeigenschaften von Baustoffen wie die Rohdichte, der Schallabsorptionsgrad und der Strömungswiderstand nehmen Einfluss auf Schallschutz. Eine niedrige dynamische Steifigkeit und ein hohes Flächengewicht minimieren beispielsweise die Trittschallübertragung. Rohdichte und der Schallabsorptionsgrad beeinflussen hingegen durch Verwendung von faserförmigen Dämmstoffen die Luftschallübertragung.[25] Die folgende Abbildung veranschaulicht die Wirkung einer schalldämpfenden im Vergleich zu einer nicht schalldämpfenden Wand:

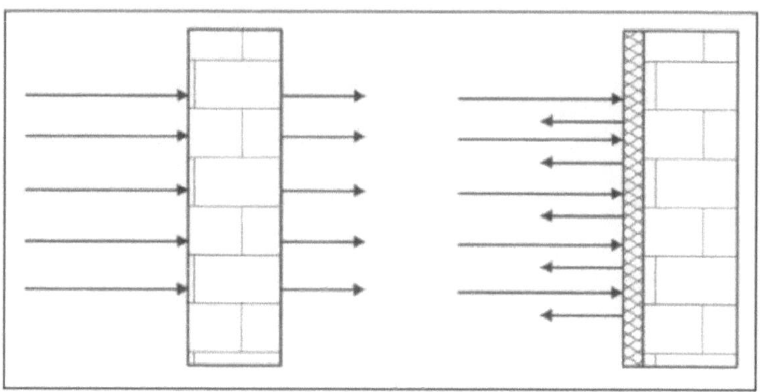

Abbildung 3: Schalldämpfung am Beispiel einer Wand[26]

2.4 Brandschutz

„Im Gegensatz zu den physikalischen Einwirkungen, denen das Bauwerk oder das Gebäude üblicherweise ausgesetzt ist, ist ein Brand eine Einwirkung mit extrem hoher Temperatur, deren Folge die teilweise oder vollständige Zerstörung des Bauwerks ist."[27] Die europäischen Normen (DIN EN 13501) oder die deutschen Normen (DIN 4102) klassifizieren

---

[23] Vgl. Christoph Sprengard u. a. (2013): Metastudie Wärmedämmstoffe - Produkte - Anwendungen - Innovationen, S. 18

[24] Vgl. Dierks u. a. (2011): Baukonstruktion (E-Book), S. 27

[25] Vgl. Christoph Sprengard u. a. (2013): Metastudie Wärmedämmstoffe - Produkte - Anwendungen - Innovationen, S. 19

[26] Langner, N., Liersch, K.W. (2015): Bauphysik kompakt, S. 278

[27] Dierks u. a. (2011): Baukonstruktion (E-Book), S. 35

das Brandverhalten der Baustoffe in verschiedene Baustoffklassen. Die Eingliederung erfolgt dabei nach den Prüfkriterien Entzündlichkeit, Flammenweiterleitung, Temperaturentwicklung, Rauchgasdichte und das brennende Abtropfen der Materialien.[28]

Bauaufsichtliche Anforderungen	Zusatzanforderungen:		EN Klasse nach DIN EN 13501-1	Klasse nach DIN 4102-1
	Kein Rauch	Kein brennendes Abfallen/Abtropfen		
Nichtbrennbar	✓	✓	A1	A1
	✓	✓	A2 – s1, d0	A2
Schwerentflammbar	✓	✓	B, C – s1, d0	B1[1)]
		✓	A2, B, C – s2;s3, d0	
	✓		A2, B, C – s1, d1;d2	
			A2, B, C – s3, d2	
normal entflammbar		✓	D – s1;s2;s3, d0, E	B2[1)]
			D – s1;s2;s3, d1 D – s1;s2;s3, d2	
			E – d2	
Leichtentflammbar			F	B3

Tabelle 1: Zuordnung der Baustoffklassen zu bauaufsichtlichen Benennungen[29]

Im Folgenden werden die Baustoffklassen nach den in Deutschland geltenden DIN 4102-1 näher erläutert:[30]

- **Baustoffe der Klasse A1** sind nicht brennbar und enthalten keine brennbaren Bestandteile. Dazu gehören beispielsweise Sand, Kies, Beton, Zement, Mörtel, Glas, Ziegel oder Mineralfasern ohne organische Zusätze.

- **Baustoffe der Klasse A2** sind nicht brennbare, können allerdings gewisse Mengen brennbarer Bestandteile enthalten. Beispiele sind Gipskartonplatten nach DIN 18180 mit geschlossener Oberfläche.

- **Baustoffe der Klasse B1** sind schwer entflammbar und dürfen nach Entfernen der Zündquelle nicht selbstständig weiterbrennen. Beispielhaft hierfür können Holzwolle-Leichtbauplatten nach DIN 1101, Mineralfaser-Mehrschicht-Leichtbauplatten nach DIN 1101, Gipskartonplatten mit gelochter Oberfläche sowie Kunstharzputze nach DIN 18558 genannt werden.

- **Baustoffe der Klasse B2** sind normal entflammbar und ihre Entzündbarkeit muss bei einer Kanten- und Flächenbeflammung mit kleiner Flamme auf das in DIN 4102-1 vorgegebene Maß beschränkt bleiben. Zu dieser Baustoffklasse zählen Holz und Holzwerkstoffe mit einer Rohdichte von 400 kg/m^3 und ein Dicke > 2mm,

---

[28] Vgl. Christoph Sprengard u. a. (2013): Metastudie Wärmedämmstoffe - Produkte - Anwendungen - Innovationen, S. 19
[29] Wolfgang Willems u. a. (2017): Lehrbuch der Bauphysik, S. 676
[30] Vgl. Hanns Frommhold, Siegfried Hasenjäger (2014): Wohnungsbaunormen, 27. Auflage, Berlin, S. 577-579

Gipskarton-Verbundplatten nach DIN 18184 oder auch Hartschaum-Mehrschicht-Leichtbauplatten nach DIN 1101.

- **Baustoffe der Klasse B3** sind leicht entflammbar und dürfen in einem Gebäude nur in Verbindung mit anderen Baustoffen eingebaut werden, sodass diese Verbundwerkstoffe nicht mehr leicht entflammbar sind.

Neben den Baustoffklassen ist im Sinne des Brandschutzes eine Feuerwiderstandsdauer der Dämmstoffe erforderlich. Diese ist in den Landesbauordnungen (LBO) festgeschrieben mit den Zielen einem Brand vorzubeugen und die Ausbreitung von Feuer und Rauch zu verhindern, die Rettung von Mensch und Tier zu gewährleisten sowie eine wirksame Brandbekämpfung durch Entrauchung und Löscharbeiten zu ermöglichen.[31]

Feuerwiderstandsklassen		
Bezeichnung	**Feuerwiderstandsdauer in Minuten**	**Bauaufsichtliche Benennung**
F 30	30	feuerhemmend
F 60	60	
F 90	90	feuerbeständig
F 120	120	
F 180	180	hochfeuerbeständig

Tabelle 2: Feuerwiderstandsklassen[32]

3. Wärmedämmstoffe

3.1 Anorganisch

3.1.1 Aerogel

Aerogel ist ein gelartiger Stoff, auch unter Nanogel bekannt und in Form von Granulat oder Matten erhältlich. Die mechanische Flexibilität ermöglicht vielfältige Anwendungsbereiche im Schall-, Wärme- und Brandschutz. Mit einer Dicke von 12 mm werden die Matten u.a. zur Außendämmung von Fassaden eingesetzt oder bei einer Dicke von bis zu 100 mm in ein Wärme-Verbundsystem integriert. Aerogel zeichnet eine geringe Wärmeleitfähigkeit von 0,014 bis 0,017 W/mK in mattenform aus, was vorteilhaft für die Verwendung als Innendämmsystem ist.[33]

---

[31] Vgl. Dierks u. a. (2011): Baukonstruktion (E-Book), S. 35
[32] Holger König (2012): Wärmedämmung - Vom Keller bis zum Dach, S. 35
[33] Vgl. Christoph Sprengard u. a. (2013): Metastudie Wärmedämmstoffe - Produkte - Anwendungen - Innovationen, S. 24-25

3.1.2 Mineralwolle

„Mineralwolle bezeichnet einen Werkstoff aus künstlich hergestellten mineralischen Fasern"[34], ist ein Überbegriff für Stein- oder Glaswolle und auch als Hybridwolle bekannt. Erhältlich ist Mineralwolle in Platten, Rollen oder Matten mit Dicken zwischen 12 und 240 mm. Bei gleicher Rohdichte hat Glaswolle eine niedrigere Wärmeleitfähigkeit als Steinwolle. Diese liegt bei 0,032 bis 0,048 W/mK.[35] Mit der nicht brennbaren Eigenschaft gehört Mineralwolle im Brandschutz zu den Baustoffen der Klasse A1 und gilt als universell einsetzbarer Dämmstoff.[36]

3.1.3 3M Glass Bubbles

Nominiert für den Deutschen Zukunftspreis 2020 zählen die Glass Bubbles des Multitechnologiekonzerns 3M zu den neuesten und innovativsten Wärmedämmstoffen. Die Glass Bubbles bestehen aus winzigen Hohlkugeln aus dünnem Glas, sind zwischen 10 und 200 Mikrometer groß und in einen mineralischen Binder eingebettet. Die Fassadendämmung aus rein mineralischen Materialien sind nicht brennbar und umweltschonend, da das hoch robuste und flexibel einsetzbare Material nach seiner Nutzungsdauer vollständig recyclebar ist. Die 3M Glass Bubbles können beispielsweise als Zusatz für Wandfarbe, Putze oder Spachtelmassen an innen- und außenliegenden Wänden eingesetzt werden.[37]

Diese Abbildung wurde aus urheberrechtlichen Gründen von der Redaktion entfernt.

Abbildung 4: Glass Bubbles von 3M[38]

3.2 Organisch

3.2.1 Polystyrol, expandiert (EPS)

Expandiertes Polystyrol ist ein thermoplastischer Kunststoff, besser bekannt unter der Bezeichnung Styropor und besteht aus Polystyrol, Treibmittel und Additiven zum Flamm-

---

[34] : Der Ratgeber rund um die Außenwand, Online-Ressource, Stand: 11.2016, https://www.massiv-mein-haus.de/download/Ratgeber-Aussenwand.pdf, Letzter Zugriff:, S. 39
[35] Vgl. Christoph Sprengard u. a. (2013): Metastudie Wärmedämmstoffe - Produkte - Anwendungen - Innovationen, S. 38-39
[36] Vgl. (2016): Der Ratgeber rund um die Außenwand, S. 39
[37] Vgl. : Nominiert für den Deutschen Zukunftspreis 2020 / Nachhaltig dämmen mit 3M Glass Bubbles, Online-Ressource https://www.presseportal.de/pm/13650/4701913, Letzter Zugriff: 03.12.2020.
[38] ebd.

schutt. In einem Verfahren wird das Granulat durch die Behandlung mit Wasserdampf expandiert. Mit Dicken von 10 mm und mehr als 300 mm ist dieser Dämmstoff in Form von Platten, Formteilen oder Granulat vorhanden. Neben der Dämmfunktion dient Polystyrol in elastizierten Platten auch als Trittschalldämmung, beispielsweise unter schwimmenden Estrichen oder im Trockenbau.[39]

3.2.2 Polyurethan (PU)

Hierbei handelt es sich um einen geschlossenzelligen Hartschaum, der z.B. in Wärmedämm-Verbundsystemen als Dämmplatte Anwendung findet. Da Polyurethan-Dämmplatten brennbar und i.d.R. normalentflammbar sind, gehören sie zu den Baustoffen der Klasse B2.[40] Erhältlich ist dieser Dämmstoff in Form von Platten oder Formteilen mit einer Dicke von bis zu 300 mm. Mit der geringen Wärmeleitfähigkeit von 0,023 bis 0,029 ist Polyurethan für die Wärmedämmung sehr geeignet.[41]

Wand	Dämmstoff	Wärme-leitfähigkeit λ W/(m·K)	Erforderliche Dicke in cm	
			Dämmstoff	Wand einschl. Dämmstoff
Wand aus hochwärmedämmenden Mauersteinen (ohne zusätzliche Dämmplatten)		0,080	-	36,5
17,5 cm dicke Wand aus Kalksandsteinen mit außenliegender Zusatzdämmung	Vakuumpaneele	0,005	3	20,5
	Phenolharz-hartschaumplatten	0,021	9	26,5
	Polyurethan-Dämmplatten	0,026	12	29,5
	Hochleistungsdämmputz mit Aerogel	0,028	12	29,5
	Polystyrolplatten	0,032	14	31,5
	Mineralwolleplatten	0,035	15	32,5
	Holzfaserdämmplatten	0,040	17	34,5
	Mineralschaumplatten	0,045	19	36,5
	Holzfaserdämmplatten	0,045	19	36,5
	Schilfrohrmatten	0,055	24	41,5
	Wärmedämmputz (konventionell)	0,070	30[1]	47,5[1]

Tabelle 3: Übersicht Wärmedämmstoffe[42]

---

[39] Vgl. Christoph Sprengard u. a. (2013): Metastudie Wärmedämmstoffe - Produkte - Anwendungen - Innovationen, S. 40-41
[40] Vgl. (2016): Der Ratgeber rund um die Außenwand, S. 43
[41] Vgl. Christoph Sprengard u. a. (2013): Metastudie Wärmedämmstoffe - Produkte - Anwendungen - Innovationen, S. 44-45
[42] (2016): Der Ratgeber rund um die Außenwand, S. 47

4. Wärmedämmsysteme

Die Gebäudehülle kann sowohl innenseitig als auch außenseitig gedämmt werden. Grundsätzlich entscheiden dabei die baulichen Gegebenheiten, welches Dämmsystem angewendet wird. Aus energetischer Sicht wirkt sich die Außendämmung positiver aus als die Innendämmung. Doch gerade bei älteren oder auch denkmalgeschützten Gebäuden ist eine Außendämmung nicht möglich und in diesen Fällen kann der Wärmeschutz durch eine Innendämmung verbessert werden.[43] Im folgenden Kapitel werden die bauphysikalischen und -konstruktiven Umsetzungen der Innen- und Außendämmung gegenübergestellt.

4.1 Außendämmung

Die Wärmedämmung einer Außenwand lässt sich grundsätzlich auf zwei Arten umsetzen. Bei der ersten Variante bringt der Wandbaustoff die wärmedämmenden Eigenschaften selbst mit und eine zusätzliche Wärmedämmung ist nicht mehr notwendig. Dies ist beispielweise bei gemauerten Wänden aus hochwärmedämmenden Ziegeln, Porenbeton oder Leichtbeton der Fall. Im Gegensatz dazu erfüllt die Wand in Variante zwei zunächst ausschließlich statische Aufgaben. Baustoffe wie Kalksandstein oder Beton werden hierbei verwendet. Den nötigen Wärmeschutz liefert dann eine zusätzlich angebrachte Wärmedämmung, bestehend z.B. aus Dämmplatten oder Dämmputzen.[44]

4.1.1 Einschalige Außenwand

Im Bereich Neubau werden die Außenwände überwiegend aus hochwärmedämmenden Mauersteinen errichtet, sodass zusätzliche Dämmstoffschichten nicht mehr notwendig sind.[45] Diese sogenannten einschaligen Wände können aus Ziegel, Porenbeton, Bimsbeton oder Blähtonbeton errichtet werden. Aufgrund der sehr geringen Wärmeleitfähigkeit ist der Leichtbeton mit den Zuschlägen Bims und Blähton im Gegensatz zu den Ziegeln besonders wärmedämmend.[46] Bei richtiger Materialwahl und Ausführung sowie ausreichender Dicke ist die wärmedämmende Wirkung dieser Außenwände ausreichend.[47] Dabei gilt: je dicker die Wand aus hochwärmedämmenden Steinen, desto besser ist der Wärmeschutz.

---

[43] Vgl. : Innendämmung oder Außendämmung?, Online-Ressource https://www.effizienzhaus-online.de/innendaemmung-oder-aussendaemmung/, Letzter Zugriff: 01.12.2020.

[44] Vgl. : Der Ratgeber rund um die Außenwand, Online-Ressource, Stand: 11.2016, https://www.massiv-mein-haus.de/download/Ratgeber-Aussenwand.pdf, Letzter Zugriff:, S. 11

[45] Vgl. ebd. S. 14

[46] Vgl.Dierks u. a. (2011): Baukonstruktion (E-Book), S. 73

[47] Vgl. Holger König (2012): Wärmedämmung - Vom Keller bis zum Dach, S. 43

Abbildung 5: Typische Konstruktion einer verputzten Außenwand aus hochwärmedämmenden Steinen[48]

4.1.2 Mehrschalige Außenwand

Die sogenannten Klinkerfassade zählt zu den mehrschaligen Wandkonstruktionen, besteht aus zwei massiven Mauerschalen mit einer dazwischen liegenden Wärmedämmschicht und erfüllt ebenso höchste Ansprüche an den Wärmeschutz. Für den Aufbau dieser Wandkonstruktion wird zu Beginn die tragende Wand errichtet. Die Dämmplatten bestehen aus Mineralwolle, sind 14 cm dick und werden an der Außenseite der tragenden Wand befestigt. Aus sogenannten „Vormauersteinen" wird die zweite Wand als Verblendschale vor die Dämmschicht gemauert, wobei dazwischen ein Luftspalt sein kann. Diese Außenwandkonstruktion ist sehr witterungsbeständig und verursacht, wenn überhaupt, erst nach Jahrzehnten Kosten für Instandhaltungsarbeiten, was die höheren Investitionskosten wieder ausgleicht[49]

---

[48] (2016): Der Ratgeber rund um die Außenwand, S. 14
[49] Vgl. ebd. S. 15-16

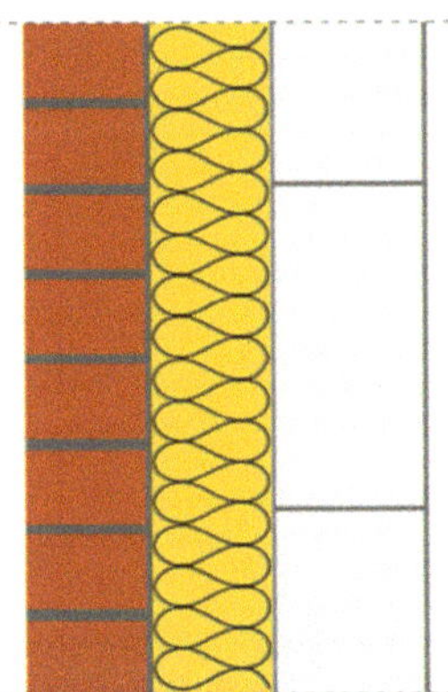

Abbildung 6: Typische Konstruktion einer verklinkerten Außenwand[50]

4.1.3 Wärmedämm-Verbundsystem

Eine weitere Möglichkeit der Wärmedämmung ist das Wärmedämm-Verbundsystem, kurz WDVS. Dabei werden Dämmplatten an den Gebäudeaußenwänden befestigt und mit dem zugehörigen Putzsystem verputzt. Die Dämmplatten bestehen üblicherweise aus Mineralwolle oder Polystyrolplatten und der Putz aus einem Armierungsputz mit Gewebeeinlage und einem Oberputz. Armierungsputz ist ein mit speziellem Glasfasergewebe verstärkter Putz, wobei das Glasfasergewebe in den Mörtel eingebettet wird. Für die Verklebung der Dämmplatten werden mineralische Klebemörtel auf Zementbasis, organischer Dispersionskleber oder spezieller PU-Schaum verwendet. Für mehr Stabilität erfolgt zudem eine Verdübelung der Dämmplatten. In einer weiteren Konstruktionsform können Wärmedämm-Verbundsysteme mithilfe eines Schienensystems an der Außenwand befestigt werden. Komponenten eines zugelassenen Systems müssen von den Herstellern aufeinander abgestimmt und geprüft werden.[51]

---

[50] (2016): Der Ratgeber rund um die Außenwand, S. 15
[51] Vgl. ebd. S. 18-20

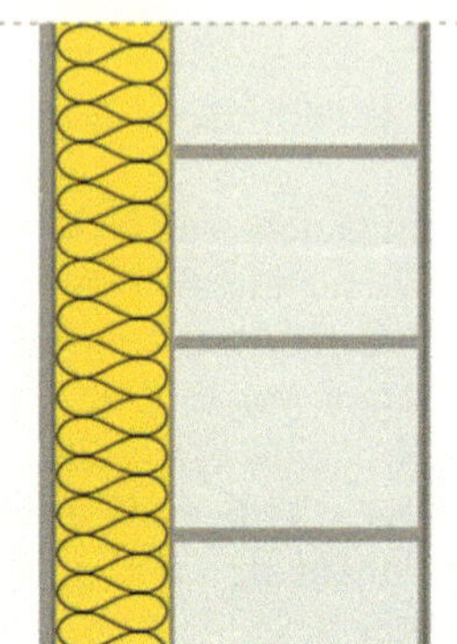

Abbildung 7: Typische Konstruktion einer Außenwand mit Wärmedämm-Verbundsystem[52]

4.2 Innendämmung

Im Vergleich zur Außendämmung ist die Innendämmung mit einigen bauphysikalischen Problemen verbunden. Beispielsweise besteht die Möglichkeit, dass der Wasserdampf der Innenraumluft innerhalb des Bauteils seinen Taupunkt erreicht, kondensiert und das Bauteil durchfeuchtet. Diese Gefahr der Kondensatfeuchte ist größer, je höher die Wärmeleitfähigkeit der Außenwand ist. Außerdem besteht ein erhöhtes Risiko für Wärmebrücken in Wand und Decke.[53] Die Innendämmung sollte aus diesen Gründen nur gewählt werden, wenn eine Außendämmung z.B. aufgrund von Denkmalschutzbestimmungen nicht möglich ist.

4.2.1 Kapillaraktive Innendämmung

Die kappilaraktive Innendämmung ist eine Form des Wärmeschutzes an der Innenseite einer Außenwand. Die Innendämmplatten bestehen dabei aus Aerogel und werden aus hochdisperser und amorpher Kieselsäure hergestellt, die eine sehr geringe Wärmeleitfähigkeit von 0,016 W/mK aufweist. Da eine Stärke von 15 bis 40 mm ausreicht, ist der Flächenverlust im Raum nur geringfügig.[54] Der Vorteil dieser Innendämmmethode liegt darin, dass durch die Kapillaraktivität eine schnelle und großflächige Verteilung der Feuchte in der Dämmung möglich ist. Die Feuchte verteilt sich also im Material und verdunstet an der Oberfläche, statt am Taupunkt zu verbleiben.[55] Die folgende Abbildung veranschaulicht das Wirkungsprinzip der kapillaraktiven Innendämmung.

---

[52] (2016): Der Ratgeber rund um die Außenwand, S. 18
[53] Vgl. Holger König (2012): Wärmedämmung - Vom Keller bis zum Dach, S. 53
[54] Vgl.BauNetz: Kapillaraktive Innendämmung | Altbau | News/Produkte | Baunetz_Wissen, Online-Ressource https://www.baunetzwissen.de/altbau/tipps/news-produkte/kapillaraktive-innendaemmung-3132141, Letzter Zugriff: 02.12.2020.
[55] Vgl. Roland Gabbasch: Projektarbeit Innendammung, Online-Ressource https://baubiologie.bz.it/de/veranstaltungen/lehrgaenge/bbKurs2006/Roland-Gabbasch_Innendammung.pdf, Letzter Zugriff: 02.12.2020.

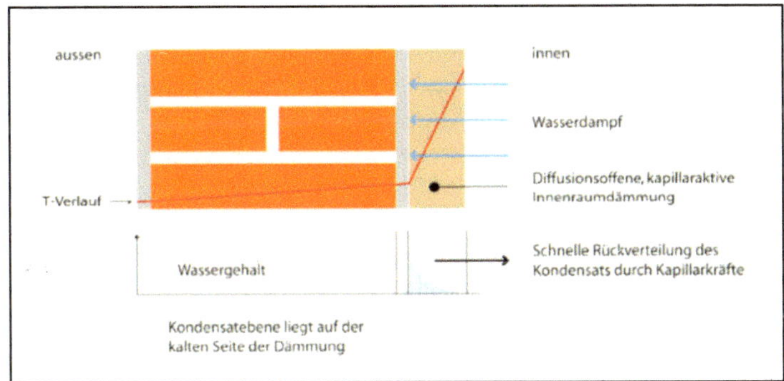

Abbildung 8: Feuchteverlauf ohne Funktionsschicht[56]

4.2.2 Innendämmung mit Dampfsperre / Dampfbremse

Eine Dampfsperre verhindert das Eindringen von Wasserdampf in eine Wärmedämmkonstruktion. Damit das gelingt, ist der lückenlose Einbau eines für Wasserdampf undurchlässigen Materials wie beispielsweise Aluminiumfolie, Glas oder Schaumglas erforderlich. Da eine solche Umsetzung in der Baupraxis kaum realisiert werden kann, ist der Einsatz einer sogenannten Dampfbremse üblich. Die dampfbremsende Wirkung erfüllt entweder der Dämmstoff selbst oder eine zusätzlich eingebaute Dampfbremsfolie bzw. Dampfbremspappe. Dabei soll die Menge des eindringenden Wasserdampfs auf ein für die Konstruktion ungefährliches Maß begrenzt werden. Eine vollkommen funktionsfähige Innendämmung mit Dampfbremse setzt eine Außenwand aus kapillar leitfähigem Material voraus, wie z.B. Ziegelstein, Lehm oder Porenbeton.[57]

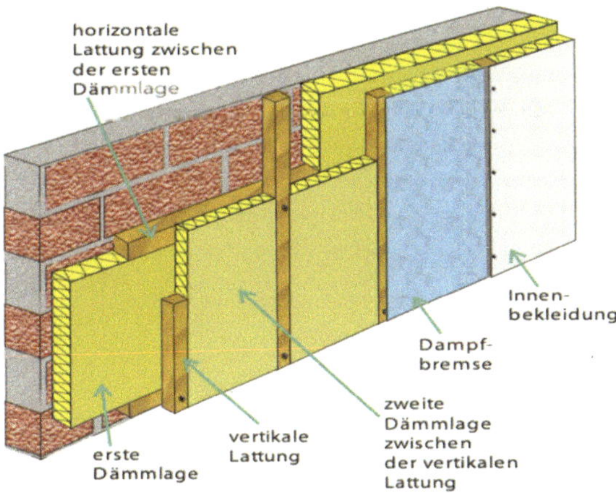

Abbildung 9: Innendämmung mit eingebauter Dampfbremse[58]

---

[56] ebd.
[57] Vgl. : Dampfsperre, Dampfbremse, Innendämmung mit oder ohne Dampfsperre?, Online-Ressource http://www.heiz-tipp.de/ratgeber-879-dampfsperre_dampfbremse.html, Letzter Zugriff: 02.12.2020.
[58] (2009): Hessen Jahrbuch, Berlin, New York, S. 8

4.2.3 Innendämmung durch Wärmedämmputze

Dämmputzsysteme können als Ersatz für Dämmplatten dienen. Die dämmende Wirkung entsteht durch einen hohen Anteil leichter Zuschläge wie Styropor, Perlite, Blähglas oder Aerogel. Der Wärmedämmputz bildet dabei den Unterputz. Ein Armierungsputz mit Gewebeeinlage folgt und darauf wird der Oberputz aufgetragen. Diese diffusionsoffenen Wärmedämmputze werden häufig bei Altbausanierungen angewendet, sind jedoch auch für den Neubau geeignet. Neuartige Hochleistungsdämmstoffe mit einer Wärmeleitfähigkeit von 0,028 W/mK übertreffen sogar die Dämmwirkung von Wärmedämmplatten.[59]

5. Fazit

Die in dieser Arbeit dargestellten Ergebnisse rechtfertigen die Aussage, dass bei wärmedämmtechnischen Maßnahmen eine Vielzahl an bauphysikalischen und -technischen Grundkenntnissen erforderlich sind, um das Ziel eines nachhaltig energieeffizienten Gebäudes zu erreichen. Im Bereich des Neubaus sollte der hohe Entwicklungsstand der Dämmstoffe genutzt werden, um langfristig die Energiekosten gering und den Wert des Gebäudes durch Einsparung zukünftiger Modernisierungskosten hoch zu halten. Für eine Steigerung der Energieeffizienz in Bestandsimmobilien sollte im ersten Schritt immer die Minimierung der Wärmeverluste angestrebt werden. Dies wird erreicht durch die Verwendung von Bauteilen mit kleinen Wärmedurchgangskoeffizienten und der Vermeidung von Wärmeverlusten durch Wärmebrücken. Infolgedessen steigt die raumseitige Oberflächentemperatur der Außenwände und damit auch die thermische Behaglichkeit in den Räumen. In den meisten Fällen wird die Außendämmung der Innendämmung vorgezogen, da die bautechnische Umsetzung weniger komplex ist und innerhalb des Gebäudes kein Wohnraum verloren geht. Doch nicht immer ist eine Außendämmung der Fassade möglich und unter diesen Umständen sorgen Innendämmsysteme für die Verbesserung des Wärmeschutzes. Die Innendämmung steht dabei zu Unrecht in dem Ruf, Feuchte- und Schimmelschäden zu verursachen. Mit der Wahl des für das Gebäude richtigen Innendämmsystems und einer sorgfältigen Ausführung der Dämmung kann der Wärmeverlust erheblich reduziert werden. Nach Auswertung dieser Ergebnisse bestätigt sich auch die anfangs formulierte These, dass hinsichtlich der enormen Energieeinsparpotenziale die Umsetzung wärmeschutztechnischer Maßnahmen bei Altbauten die wichtigste Bauaufgabe der Zukunft darstellen.

---

[59] Vgl. (2016): Der Ratgeber rund um die Außenwand, S. 24

Literaturverzeichnis

BauNetz: Kapillaraktive Innendämmung | Altbau | News/Produkte | Baunetz_Wissen, Online-Ressource https://www.baunetzwissen.de/altbau/tipps/news-produkte/kapillaraktive-innendaemmung-3132141, Letzter Zugriff: 02.12.2020.

Christoph Sprengard u. a. (2013): Metastudie Wärmedämmstoffe - Produkte - Anwendungen - Innovationen, Gräfelfing.

Dierks, K. u. a. (2011): Baukonstruktion (E-Book), Köln, GERMANY.

Hanns Frommhold, Siegfried Hasenjäger (2014): Wohnungsbaunormen, 27. Auflage, Berlin.

Holger König (2012): Wärmedämmung - Vom Keller bis zum Dach, 7. Auflage, Berlin.

Langner, N., Liersch, K.W. (2015): Bauphysik kompakt

Roland Gabbasch: Projektarbeit Innendammung, Online-Ressource https://baubiologie.bz.it/de/veranstaltungen/lehrgaenge/bbKurs2006/Roland-Gabbasch_Innendammung.pdf, Letzter Zugriff: 02.12.2020.

Wolfgang Willems u. a. (2017): Lehrbuch der Bauphysik, 8. Auflage, Wiesbaden.

: Dämmstoffe: Einteilung und Eigenschaften der Wärmedämmstoffe für die Wärmedämmung, Online-Ressource http://www.waermedaemmstoffe.com/htm/eigenschaften.htm, Letzter Zugriff: 24.11.2020.

: Nominiert für den Deutschen Zukunftspreis 2020 / Nachhaltig dämmen mit 3M Glass Bubbles, Online-Ressource https://www.presseportal.de/pm/13650/4701913, Letzter Zugriff: 03.12.2020.

: Innendämmung oder Außendämmung?, Online-Ressource https://www.effizienzhaus-online.de/innendaemmung-oder-aussendaemmung/, Letzter Zugriff: 01.12.2020.

: Der Ratgeber rund um die Außenwand, Online-Ressource, Stand: 11.2016, https://www.massiv-mein-haus.de/download/Ratgeber-Aussenwand.pdf, Letzter Zugriff:

: Dampfsperre, Dampfbremse, Innendämmung mit oder ohne Dampfsperre?, Online-Ressource http://www.heiz-tipp.de/ratgeber-879-dampfsperre_dampfbremse.html, Letzter Zugriff: 02.12.2020.

(2009): Hessen Jahrbuch, Berlin, New York.